AF259932

MES SOUVENIRS

DE

L'ANGLETERRE.

N. B. Mr Jeannet Desjardins gives private lessons in greek, latin, french and italian, on moderate terms.

Schools of the highest respectability attended.

Apply to Mr Jeannet Desjardins at the Revd Dr Burney's, Greenwich.

MES SOUVENIRS

DE

L'ANGLETERRE,

OU

Petits Mélanges Poétiques

COMPOSÉS

SUR LES BORDS DE LA TAMISE;

Par M. JEANNET DESJARDINS,

De l'Université de Paris, de plusieurs sociétés littéraires, et membre
du comité de littérature française, à Londres.

PARIS,

IMPRIMERIE DE P. DUPONT ET G. LAGUIONIE,

RUE DE GRENELLE-SAINT-HONORÉ, N° 55.

1831.

MES SOUVENIRS

DE

L'ANGLETERRE.

SUJET IMITÉ DE FÉNÉLON.

Sur l'existence de Dieu.

Pour charmer nos regards, bienfaisante nature
Tu déroules en vain l'éclat de ta parure....
Quoi!... celui qui créa et la terre et les cieux,
Ne se montre donc plus d'assez près à nos yeux ?
Chacun de nous le touche, et dans sa main grossière,

Semble peser le Dieu qui forma la lumière.
Des orages des sens les trop funestes coups,
En frappant la raison, l'emportent loin de nous.

Ta lumière, Seigneur, a lui dans les ténèbres !
Mais nos yeux sont couverts de longs voiles funèbres.
Tu te montres partout ; mais les hommes distraits
De ta face sacrée n'observent plus les traits.
Tout leur parle de toi ; mais déjà leurs oreilles
Se closent à la voix qui publie tes merveilles.
Tu vis à côté d'eux, et tu vis dans leur cœur ;
Mais ils sont fugitifs, entraînés à l'erreur.

Seul flambeau du bonheur, viens éclairer mon ame !
Viens m'embraser des feux de ta divine flamme !
Dans le fond de mon cœur je puis donc te trouver
Si je fais des efforts pour vouloir t'y chercher.

L'impie qui t'abandonne, ô source de délices,
Aveuglé par les sens, roule en des précipices,
Sans en être touché ; il voit jusqu'à la fin,

Tes bienfaits qui sur lui s'échappent de ta main.
Tout bien lui vient de toi, cependant il t'oublie;
Faute de s'en nourrir, il meurt près de la vie
Sans avoir connu Dieu!... Quel déplorable sort!
Il tombe moissonné sous la faux de la mort.

O mortels, jusqu'à quand, séduits par de vains songes,
Serez-vous entraînés dans la nuit des mensonges?
Dans les bras du Seigneur vous livrant au sommeil,
N'aurez-vous donc jamais pour le voir de réveil?
Si tu n'étais, grand Dieu, qu'un corps vain et stérile
Impuissant et sans vie, un atome inutile;
Tel qu'une tendre fleur qui soudain se flétrit,
Tel qu'un flot qui se perd dans un flot et gémit,
Ou tel que les débris d'un immense édifice
Roulant avec fracas au fond d'un précipice,
Ou bien tel qu'un tableau qu'embellit sa couleur,
Ou tel qu'un vil métal orné de sa splendeur,
Ils te verraient alors, et leur ame ravie
Trouverait à te voir une joie infinie:
Entraînés follement à leurs légers désirs,

Ils penseraient avoir rencontré les plaisirs.
De ton sein seulement s'écoule comme une onde,
Des plaisirs les plus purs une source féconde.
Sans pouvoir et sans vie, fragile et sans vertu,
Tu serais au niveau de leur cœur corrompu;
Mais tu vis en leur ame, et leur vue égarée
Au dedans d'eux-mêmes ne s'est jamais portée.
Et l'ordre et la beauté répandus en tous lieux
Sont un voile, Seigneur, qui te cache à leurs yeux;
Le flambeau du soleil éblouit leur paupière,
Et les aveugle même au sein de la lumière.
Ta vérité trop pure étonne leurs esprits,
Et te place au-dessus de leurs sens abrutis.
Auraient-ils dans leurs sens trouvé le témoignage
De l'ordre que ta main a mis à chaque ouvrage.
Ont-ils, de la justice en balançant le poids,
Senti pourquoi la terre en approuve les lois?
Ont-ils de la vertu reconnu la nature,
Au son, à la couleur, au goût, à la figure?
Cependant elle existe, et ses divins attraits
Ont gravé dans leurs cœurs d'indélébiles traits.

Pourquoi l'homme en Dieu seul ne voudrait-il pas croire?

S'il échappe à nos sens, tout révèle sa gloire.

O profonde misère, ô comble du malheur!

L'impie croit s'élever sur l'aile de l'erreur.

Tristes enfans d'Adam, jusqu'à quand vos yeux sombres

Ne seront-ils ouverts pour ne voir que des ombres!

Pourquoi vous révolter contre la vérité?

Tout fantôme pour vous est la réalité.

Que vois-je cependant dans l'univers immense?

Un seul Dieu,... chaque objet me dit son existence.

Il règne sur la terre, il règne dans les cieux,

Et dans le moindre atome il paraît à mes yeux.

Quand je pense qu'en toi l'être immense réside,

Je m'absorbe en entier, et mon esprit timide,

Qui vient pour un instant de descendre en mon cœur,

Au lieu de s'y trouver, ne voit que toi, Seigneur.

Qui vers toi n'a jamais élevé sa paupière,

N'a pas vu les rayons divins de ta lumière;

Qui ne t'a pas goûté, n'a jamais rien senti,

Et sa vie n'est qu'un songe, un songe évanoui.

Vers tes fiers ennemis, grand Dieu, lève ta face,
A tes pieds aussitôt s'abattra leur audace ;
Ils se perdront, Seigneur, tels ces gros tourbillons
De fumée s'envolant sous les fiers aquilons.
Malheur, malheur, hélas, à l'ingrat qui t'oublie !
Il vaudrait mieux qu'il n'eût jamais connu la vie ;
Mais bien heureux déjà qui soupire après toi,
Qui se nourrit d'espoir et que soutient la foi ;
Et plus heureux encor celui pour qui ta face
A laissé dans le cœur des traits que rien n'efface ;
S'il arrosa tes pieds de pleurs délicieux,
Ta main les a taris en essuyant ses yeux.
De toi coule sur lui comme un flot qui l'inonde
Pour le rassasier ta paix douce et profonde.

Quand viendra, mon Seigneur, ce jour, cet heureux jour,
Où montant dans les cieux sur l'aile de l'amour,
Je verrai devant moi les traits de ton visage ?
O jour délicieux, jour pur et sans nuage !
C'est toi qui, m'éclairant à ce brillant réveil,
En seras le flambeau et l'éclatant soleil !

Mes os ont tressailli, réjouis-toi, mon ame !
D'avance à cet espoir, de bonheur je me pâme :
Je m'écrie aussitôt, éclairé par la foi,
Mon seul bien, mon Seigneur, nul n'est égal à toi !

SONNETS.

SONNETS.

I.

Sur des ailes de feu, ma pensée infinie
Me transporte soudain dans le séjour des dieux;
Assis à leur banquet, savourant l'ambroisie,
Que je goûte un bonheur pur et délicieux!!

Mon bras se roidissant contre la tyrannie,
Je terrasse à mes pieds tous les rois orgueilleux,
Et, pour que mon destin soit plus digne d'envie,
Je les tiens enchaînés ornant mon char pompeux.

Aux rois philosophes dispensant les couronnes,
Je revois la justice assise sur les trônes;
L'âge d'or qui renaît ramène le bonheur.

Mais dès que mon génie, suspendant sa carrière,
Voit le peuple gémir sous un fier oppresseur
Mes yeux baignés de pleurs ne quittent plus la terre.

II.

Jeanne-d'Arc.

La France gémissait sous le poids des douleurs;

Le sceptre était tombé en des mains défaillantes,

Et déjà d'Albion les bataillons vainqueurs

Sonnaient près d'Orléans leurs trompettes bruyantes.

Une vierge soudain, sortie de Vaucouleurs,

Excita, ranima nos troupes languissantes;

Le François rassuré sécha bientôt ses pleurs;

L'héroïne cueillait les palmes triomphantes.

La victoire à grands pas suivait ses étendards,

Et l'étranger surpris fuyait de toutes parts;

Mais bientôt il revient, et la fait prisonnière.

Mars avait relevé son courage abattu;

Quel sera le destin de l'illustre guerrière?..

L'Anglais la brûlera pour prix de sa vertu!

III.

Napoléon.

Oui, c'est lui! c'est lui-même, au milieu des hasards!

On le prendrait pour Mars volant dans la carrière!

Le génie des combats anime ses regards,

Son coursier des sillons fait voler la poussière.

Déjà ses bataillons déploient leurs éteudards!

Ah! j'entends retentir la trompette guerrière!!

Vive Napoléon!... quels cris de toutes parts!

La cohorte ennemie est tombée prisonnière.

Est-ce un fils des enfers, ou descend-il des cieux?..

La Victoire en tremblant l'accompagne en tous lieux,

Et de son bras puissant ce colosse l'enchaîne.

Esprit ambitieux, redoute les revers!

La fortune est ingrate et souvent inhumaine;

Suspends ta foudre... arrête... ou meurs dans les déserts!

IV.

Colonne Vendôme.

Immortel monument qui consacre la gloire

Que dans les champs de Mars acquirent nos soldats,

Sur l'airain le plus dur livrant à la mémoire

L'effroi dont un mortel a frappé tant d'états!

La Corse l'enfanta pour vivre dans l'histoire,

Et son bras terrassant les plus fiers potentats

Eût pu les enchaîner au char de la victoire;

Mais jamais des tyrans il ne suivit les pas.

Glorieux monument! j'ai vu ta tête altière

Qui, plus resplendissante, offrait à la lumière

Le buste du grand homme! Ah! qu'est-il devenu?

Français qui l'admiriez quand il lançait la foudre,

Où est-il ce buste que son aigle est en poudre?..

Ingrats! versez des pleurs, vous l'avez abattu!!

V.

Léandre.

Dans le sein de Thétys les chevaux du Soleil

Avaient mené le char du dieu de la lumière;

Morphée du haut des cieux, épanchant son sommeil,

Sous son sceptre puissant assoupissait la terre,

Et Vénus à Léandre ayant donné l'éveil

De Héro suspendait doucement la paupière;

Hécate s'éveillait. Son astre à son réveil

Du plus beau des amans éclairait la carrière.

Vois-tu ta jeune amante allumer ses fanaux?

Fends le sein des ondes, guidé par ces signaux!

Hâte-toi pour jouir des seuls biens de la vie.

Que la douce espérance anime ton ardeur!!

Ta course maintenant est à moitié finie...

Mais la mer jalouse s'oppose à ton bonheur.

VI.

Héro.

Héro silencieuse, inclinée, palpitante,

Regardait tour-à-tour et la mer et les cieux;

Hécate ou refusait sa lumière tremblante

Ou l'épanchait parfois en replis radieux.

Léandre languissant invoquait son amante

Et par un cri plaintif lui faisait ses adieux;

Les désirs enflammés de son âme brûlante

Sous les vagues glacées vont éteindre leurs feux.

La prêtresse éplorée, succombant sous ses peines,

Sentait que tout son sang s'arrêtait dans ses veines;

Son œil épouvanté ne versoit plus de pleurs.

Vers l'astre de la nuit soulevant sa paupière

Son regard l'accusait de causer ses malheurs

Puis elle termina dans les flots sa carrière.

VII.

Guitomazin (vid. les Incas).

Le Mexique éperdu découvrait sur ses rives

L'Espagnol se livrant à toutes ses fureurs ;

Les mères tremblantes et les vierges craintives

Répandaient en fuyant de longs torrens de pleurs.

Le soleil aux accens de leurs bouches plaintives

Paraissait s'effrayer d'éclairer leurs malheurs,

Et Cortez ordonnait à ses bandes actives

De ne pas relâcher le cours de leurs horreurs.

Que fit Guitomazin pendant ces jours d'alarmes ?

En vain ces furibonds, l'entourant de leurs armes,

Espèrent par la flamme arracher son aveu.

Son ami pour parler ouvrait déjà la bouche :

Lors le héros lui dit, étendu sur le feu,

Sont-ce donc des roses qui composent ma couche ?

VIII.

𝕬cca.

Alcide n'était pas en tout temps à la guerre;

Quelquefois on l'a vu, négligeant ses travaux,

Prenant auprès d'Omphale un regard moins sévère,

Manier de sa main terrible des fuseaux.

Un jour auprès d'Acca, beauté assez légère,

Ce héros se livrait à des plaisirs nouveaux;

Mais il fallut quitter cette aimable bergère

Si savante dans l'art de tendre des panneaux.

Oblige-moi, dit-il, de baiser dans la rue

Celui qui le premier viendra frapper ta vue.

La belle ayant promis aperçut un grison :

On la vit aussitôt lui sauter au visage.

Pour te récompenser, s'écria le barbon,

Je veux que tous mes biens te tombent en partage.

IX.

Alphée et Aréthuse.

Quand les dieux des fleuves s'éprenaient des Fontaines,

Que leur sein de l'amour ressentait tous les feux,

Alphée qui s'enflamma rompit soudain ses chaînes,

Recherchant Aréthuse échappant à ses vœux.

Gémissant, bondissant, irrité de ses peines,

Il élevait un front rayonnant jusqu'aux cieux;

La nymphe, promenant ses ondes inhumaines,

Craignait les étreintes de ses bras amoureux:

Et par mille détours fuyant d'un pas rapide,

Se cacha sous la terre, et tremblante et timide,

Abandonnant ainsi son lit et ses roseaux.

Le dieu qui la suivait avait l'âme inquiète;

Mais enfin, solitaire, il étreignit ses eaux,

Et les amans dès-lors ont chéri la retraite.

X.

Danaé.

Oui, Vénus sous ses lois tient tous les dieux soumis ;

Tout mortel ici-bas reconnaît sa puissance :

Les oiseaux dans les bois par l'amour sont unis,

Et les vierges mêmes soupirent en silence.

Auprès de Danaé des gardes sont commis ;

Mais Cupidon se rit de cette prévoyance :

Les tours et les remparts et tous les ponts-levis

Ne sauraient protéger sa timide innocence.

Attrait par la beauté brillante de ses yeux,

Jupiter en pluie d'or va descendre en ces lieux :

Il arrive éclatant de ses teintes vermeilles.

La vue est éblouie de ses vives couleurs ;

La belle en l'embrassant versa-t-elle des pleurs ?

Non, Plutus de l'Amour seconde les merveilles.

XI.

Daphné.

Daphné fuit à grands pas, éplorée et craintive;

Le fils de Latone la poursuit en tous lieux,

Il ne peut atteindre la nymphe fugitive

Dont le cœur se refuse aux désirs amoureux.

Les accens d'une voix tendre, douce et plaintive

Ne sauraient de l'amour l'embraser des doux feux;

Épuisée des efforts de sa course hâtive,

Elle se voit contrainte à céder à ses vœux.

Elle lève aussitôt ses humides paupières,

En adressant aux dieux de ferventes prières;

Les immortels émus la changent en laurier.

Ils veulent désormais que la noble victoire

En couronne le front de l'illustre guerrier,

Afin que la beauté accompagne la gloire.

XII.

Le long de sa source mollement étendue,

Galathée de son corps admirait le reflet ;

Polyphème la voit, son âme en est émue,

Aussitôt il brûle d'embrasser cet objet.

La nymphe, étant saisie d'épouvante à sa vue,

Faisait de ses longs cris retentir la forêt,

Puis, rappelant la force en son âme éperdue,

Dans le fond de ses eaux elle fuit comme un trait.

Le monstre, furibond, tout écumant de rage,

Regagnait à grands pas sa caverne sauvage

Lorsque l'heureux Acis parut devant ses yeux.

Il sent en le voyant que sa colère augmente,

Il s'avance vers lui, transporté, furieux,

Et l'écrase en lançant une roche pesante.

XIII.

La dryade légère, inconstante et lascive,

Ne peut se contenter d'aimer un seul objet;

Poussée par les désirs, dans sa course hâtive,

Elle vole en chantant dans toute la forêt.

Mais l'Hamadryade n'a pas de voix plaintive

Quand son amant n'est plus pour dire son regret;

La tourterelle ainsi quand la mort trop active

Moissonne l'amoureux tourtereau qui lui plaît,

De ses roucoulements suspendant la cadence,

Elle cherche les lieux où règne le silence

Sans pouvoir de l'amour y trouver les plaisirs.

Celui qui les donnoit s'est envolé loin d'elle...

Desséchée, languissante, et gonflée de soupirs,

Elle se meurt, hélas! pour être trop fidelle!

XIV.

Hébé.

D'Hébé, jeune et vive, la fraîcheur éclatante
Éclipse les roses mêlées à ses cheveux ;
L'émail éblouissant de sa robe flottante
Est moins resplendissant que l'éclat de ses yeux.

Un jour en versant dans la coupe fumante
Le nectar qu'à longs traits savourent tous les dieux,
Elle glisse, chancelle, et tombe dans les cieux.

Combien les déesses, jalouses de ses charmes,
Goûtèrent de plaisirs à la vue de ses larmes !
La seule qui fut triste est mère de l'Amour.

L'immortelle assemblée la bannit sans retour,
Donnant à Ganymède aussitôt son office,
Et son petit faux pas causa ce grand supplice.

XV.

Prométhée a ravi l'étincelle brûlante

De l'élément sacré que possèdent les dieux ;

Maintenant de la terre une vapeur fumante

En larges tourbillons s'élève jusqu'aux cieux.

Du roi de l'Olympe la vengeance éclatante

S'apprête à châtier ce fier audacieux ;

Le docile Vulcain dans sa fournaise ardente

Fabrique une femme de son bras vigoureux.

De la voir si belle son âme fut émue,

Jupiter lui-même tressaillit à sa vue,

Vénus de sa ceinture embellit ses attraits.

Apollon lui donna l'art de plaire aux oreilles ;

Mais Minerve, ajoutant la sagesse à ses traits,

Prouva qu'en se vengeant les dieux font des merveilles.

XVI.

Sonnet imité de Drummont.

Sommeil, fils du Silence et père du Repos,

La paix, née de ton sein, se répand sur la terre ;

Les bergers et les rois devant toi sont égaux,

C'est toi qui des humains consoles la misère !

L'être qui respire dans l'oubli de ses maux

Sent sous ta baguette se fermer sa paupière :

Tu refuses sur moi d'épancher les pavots

Que tu verses sur tous d'une aile tutélaire.

Daigne étendre ta main qui sèche tous les pleurs,

J'implore ta puissance, accablé de douleurs,

Ah, viens, viens de mon cœur dissiper les alarmes !

Dieu puissant, quels qu'ils soient, dispense tes bienfaits !

Plutôt que de vivre sans connaître tes charmes,

Si tu m'offrais la mort je baiserais ses traits !

XVII.

Sontag.

Sontag que la reine qui préside à Cythère
Revêtit de formes où triomphe l'amour,
Ravissant par ses sons les humains sur la terre,
Enchanterait les dieux dans le divin séjour.

Cupidon à Berlin, voulant semer la guerre,
Fit cheoir sa pantoufle de son pied fait au tour
Des enfans d'Hyppocrate une bande légère
De ses traits admirait le céleste contour.

Ils avaient entendu sa mélodie touchante;
Ils voulaient de plus près voir sa beauté brillante
Quand à leurs yeux soudain parut l'objet mignon.

Il gisait sur le sol. . . On vole, on se dispute;
Et celui qui sortit triomphant de la lutte
Eut la même faveur qu'accorda Cendrillon.

XVIII.

Origine de la peinture.

Dans la Grèce autrefois une amante fidelle,
Ayant perdu l'amant que chérissait son cœur,
Croyait de temps en temps le revoir devant elle,
Lui offrant encore l'image du bonheur.

Un jour étant livrée à sa douleur mortelle
Elle en fut arrachée par ce portrait trompeur ;
Ardente, elle vole près de ce cher modèle,
Dont la vue lui faisait oublier son malheur.

Dans la crainte de perdre une ombre si chérie
Qui pouvait apaiser les peines de sa vie ;
Elle en traça les traits d'une tremblante main.

Que de fois cet objet te fit verser des larmes !
Bien souvent cependant il calma ton chagrin !
La peinture en naquit, nous lui devons ses charmes.

XIX.

L'absence aux vrais amans cause bien des douleurs !

Qu'il est dur de quitter l'objet de sa tendresse !

Peut-on s'en séparer sans répandre des pleurs ?

Au bonheur qui n'est plus succède la tristesse.

Tendre Laodamie que je plains tes malheurs !

Tu ne pourras jamais surmonter ta détresse,

Ah, tu n'écouteras que tes justes fureurs,

Tu ne saurais vivre sans amoureuse ivresse.

La farouche Junon, déchaînant son courroux,

A sous la main d'Hector fait tomber son époux ;

Sa statue maintenant repose dans ta couche.

Ton père trop cruel l'arrache de tes bras,

Il l'ôte aux doux baisers que lui donne ta bouche,

Il la brûle, et soudain tu cherches le trépas !

XX.

De ses longs cris Orphée fait retentir les airs,

Il n'est plus de bonheur pour lui sans Eurydice ;

Son épouse chérie habite les enfers.

Quand on n'a plus d'amour la vie est un supplice.

Il invoque les sœurs qui président aux vers ;

Leurs âmes sont émues de ses sons qui ravissent :

Sa lyre, qui redit ses funestes revers,

Touche des immortels la suprême justice.

Il entre dans l'empire où gouverne Pluton :

Il étonne Sisyphe et console Ixion,

Il fait cesser la soif qui dévorait Tantale.

Il la pressait déjà de ses bras amoureux !

Fallait-il que sa vue lui devînt si fatale !!

Peut-on sur ses amours ne pas jeter les yeux ?

www.ingramcontent.com/pod-product-compliance
Lightning Source LLC
Chambersburg PA
CBHW061348050726
47595CB00005B/2124